Niklas Wick

Kunststoffe in der Medizin - biodegradables Polylactid als biologisch-abbaubares Nahtmaterial

GRIN Verlag

Bibliografische Information der Deutschen Nationalbibliothek:

Die Deutsche Bibliothek verzeichnet diese Publikation in der Deutschen National-
bibliografie; detaillierte bibliografische Daten sind im Internet über http://dnb.d-
nb.de/ abrufbar.

Impressum:

Copyright © 2011 GRIN Verlag GmbH
Druck und Bindung: Books on Demand GmbH, Norderstedt Germany
ISBN: 978-3-640-89638-7

Dieses Buch bei GRIN:

http://www.grin.com/de/e-book/170657/kunststoffe-in-der-medizin-biodegradables-
polylactid-als-biologisch-abbaubares

GRIN - Your knowledge has value

Der GRIN Verlag publiziert seit 1998 wissenschaftliche Arbeiten von Studenten, Hochschullehrern und anderen Akademikern als eBook und gedrucktes Buch. Die Verlagswebsite www.grin.com ist die ideale Plattform zur Veröffentlichung von Hausarbeiten, Abschlussarbeiten, wissenschaftlichen Aufsätzen, Dissertationen und Fachbüchern.

Besuchen Sie uns im Internet:

http://www.grin.com/

http://www.facebook.com/grincom

http://www.twitter.com/grin_com

Kunststoffe in der Chemie

Biodegradable Polymere mit Fokus auf biologisch-resorbierbares Nahtmaterial und kosmetische Implantate zur Faltenunterspritzung aus Polylactid

von Niklas Wick; Jahrgangsstufe 1: GFS im Fach Chemie

Inhaltsverzeichnis

Einleitung

Kunststoffe sind aufgrund ihrer Funktions- und Artenvielfalt in so ziemlich jedem Lebensbereich und Anwendungsgebiet mit verschiedensten Funktionen zu finden. Obwohl die Geschichte der Kunststoffe erst vor ca. 130 Jahren begonnen hat, sind sie heute als Verpackungsmaterial, Spielzeug, Gläser und Utensilien nicht mehr wegzudenken.

Insbesondere für die Medizin bedeutete der Einsatz erster Kunststoffe eine Innovation. Während sich in den bisher genutzten Glas- und Keramikbechern und andere Utensilien trotz intensiver Reinigung Erreger bilden konnten, tragen beispielsweise „Wegwerf"- oder „Einweg"-Plastikbecher unmittelbar zur Steigerung der Hygiene bei. Aber auch innerhalb des Körpers übernehmen moderne Kunststoffe heute eine lebenslange Ersatzfunktion, so sind künstliche Gelenke heute keine Seltenheit mehr, da sie sehr häufig eingesetzt werden. Es geht sogar schon soweit, dass so manche Frau, natürlich auch so mancher Mann, ihren Körper zumeist aus rein kosmetischen Gründen mit künstlichen Brustimplantaten bestückt.

Andere, zum Beispiel Joghurt- und Milchunternehmen, machen sich die Naturverträglichkeit bzw. Eigenschaften mancher Kunststoffe in ihren Verpackungsmaterialien gezielt zu Nutze. Diese verwendeten Kunststoffe bauen sich nach einem gewissen Zeitraum ohne Einwirkung des Menschen ab. Deswegen sind sie naturfreundlicher als andere Kunststoffe, da sie selbst aus nachwachsenden Rohstoffen bestehen. Ferner verschmutzen ihre Abbauprodukte die Natur generell weniger. Weitere Bemühungen zum Recycling werden obsolet.

Die praktische Anwendung und Nutzung verschiedenster Kunststoffe ist ein hoch spannendes Themenfeld, gerade weil sie uns in nahezu jedem Lebensbereich begleiten. Wenngleich wir deren Funktion im täglichen Leben heute gleichgültig hinnehmen, war für mich insgeheim die Anwendung in der Medizintechnik ein spannendes Thema. In dieser GFS habe ich mich allerdings auf einen Kunststoff, das Polylactid, beschränkt.

Voraussetzungen an Polymere in der Medizin

In der Medizin sind Kunststoffe heute nicht mehr wegzudenken. Sie finden in vielen Bereichen der Medizin ihre Anwendung. Sofern Kunststoffe bzw. Polymere nicht als Utensilien im Krankenhaus verwendet werden, kommen sie vor allem in der Chirurgie zum Einsatz. Diese müssen strenge Voraussetzungen erfüllen, wenn sie im medizinischen Bereich verwendet werden sollen.

Biokompatibilität

Polymere erfüllen als Implantate, demzufolge im natürlichen Gewebe, eine Ersatzfunktion, gleichwohl bleiben sie nach wie vor ein körperfremdes Material. Damit diese künstlichen „Ersatzmaterialien", z.b. künstliche Herzklappen oder Gelenke, ihre Funktion möglichst langfristig erfüllen, trotzdem aber vor allem für den menschlichen Organismus ungefährlich bleiben, ist die wichtigste Nutzungsvoraussetzung die Biokompatibilität.

„Bio-kompatibel" bedeutet der Definition nach „im Einklang mit den Lebensvorgängen".[1] Unter dem Begriff *Biokompatibilität* versteht man also die Verträglichkeit eines Biomaterials, zum Beispiel von Polymeren, mit dem biologischen System. Im Wesentlichen sagt die Biokompatibilität etwas darüber aus, ob das verwendete Biomaterial das biologische System durch Wechselwirkungen zwischen zum Beispiel Implantat und Gewebe beeinträchtigt, schädigt oder im schlechtesten Fall zerstört.

Ob ein solcher Fremdkörper akzeptiert oder abgestoßen wird, hängt deshalb einerseits von den physikalischen, chemischen und strukturellen Eigenschaften (Molekulargewicht, Kristallinität, Degradationgrad) des Biomaterials und andererseits von der Vielzahl möglicher Reaktionen des biologischen Gewebes auf dieses Biomaterial ab.

---

[1] C. Neidlinger-Wilke, Biokompatibilität von Implantatmaterialien, S.111

Biokompatibilitätsprüfung und Zulassungsverfahren

Die moderne Kunststoffforschung eröffnet durch ein vielfältiges Angebot an Kunststoffen ungeahnte Möglichkeiten. Künstliche Gelenke, Zahnprotesten oder biologisch-abbaubare bzw. - resorbierbare Nahtmaterialien gehören zum Leben eines normalen Menschen mittlerweile dazu. Sie ermöglichen so manchem Menschen eine zweite Chance, schmerzfrei und sorgenfrei ihr weiteres Leben in die Hand zu nehmen. Dennoch ist die Zulassung eines solchen Kunststoffes für die klinische Anwendung im menschlichen Körper mit strengen Prüfungsmechanismen verbunden. Die Europäische Union versucht mit einem Beschluss ab dem 14. Juni 1998[2] alle Medizinprodukte mit strengen Zulassungsvorschriften und –normen in Europa zu standardisieren, damit diese Kunststoffe durch ein CE-(Comite Europeen de Normalisation)-Kennzeichen einheitlich als ungefährlich eingestuft werden können. Im Umkehrschluss können sie für den klinischen Einsatz legal in hiesigen Krankenhäusern und Praxen zugelassen werden.

Die Prüfung der Biokompatibilität spielt dabei eine entscheidende Rolle für die Zulassung eines solchen Biomaterials. Insbesondere an neu entwickelte Biomaterialien ist die Voraussetzung gestellt, dass diese keine schädlichen Auswirkungen auf den Organismus haben oder ihre Ersatzfunktion schon nach kurzer Zeit durch Wechselwirkungen einbüßen. Gewisse Wechselwirkungen sind unter Umständen gewünscht, wobei sichergestellt sein muss, dass die Abbauprodukte keine negativen Auswirkungen auf das biologische System haben. Man unterscheidet zwischen zwei verschiedenen Prüfungsmethoden.

Unter den In vivo Untersuchungen versteht man Tierexperimente. Forschern, Wissenschaftlern und Prüfern ist allerdings nicht im Sinne, diese Tiere unnötig zu quälen oder mutwillig zu gefährden, weshalb man Tierversuche auf ein Minimum reduziert. Deshalb gewinnt die zweite Prüfungsmethode, die In vitro Untersuchung, die Biokompatibilität anhand von Zell- und Organkulturen zu prüfen, an Bedeutung, sie ist sogar schon heute Bestandteil nationaler und internationaler Zulassungsnormen. Bei dieser Methode werden standardisierte oder spezifische Zellisolate aus dem Zielgewebe gewonnen, die anschließend auf eine mögliche Verträglichkeit getestet werden. Im

---

[2] vgl. Deutsches Ärzteblatt 96, Heft 15, 16. April 1999, S.40

Gegensatz zur erstehen Prüfmethode werden diese Tests selektiv, damit subjektiv isoliert, weshalb es schwierig ist, alle möglichen Unverträglichkeiten herauszufiltern. Nicht zuletzt aus diesem Grund ist eine Zulassung ein sehr langwieriger und aufwendiger Prozess.

Abbaubarkeit/Degradation

Der menschliche Körper verfügt über ein sehr intelligentes Abwehrsystem (Immunsystem), dass den Organismus vor irreversiblen Schäden schützen und Fremdstoffe (z.B. Bakterien) herausfiltern und zerstören soll. Da es sich bei Polymeren ebenfalls um Fremdkörper handelt, finden zwischen Implantat und Zielgewebe Wechselwirkungen statt, sodass diese zum Beispiel durch eine Hydrolyse in ihre Einzelteile aufgespalten und anschließend ausgeschieden werden oder durch eine enzymatische Reaktion, wobei zum Beispiel ein Polymer durch bestimmte Enzyme katalysiert wird.

Diese Polymere werden als biodegradable oder biokompatible Polymere bezeichnet, da trotz ihrer Abbaubarkeit bewusst zum Beispiel in der Chirugie als Nahtfäden verwendet werden. Eine optimale Anwendung ist dann gegeben, wenn die Degradationsprodukte des Polymers vollständig in den biologischen Kreislauf integriert werden, dementsprechend von jenen Wechselwirkungen abgebaut und ausgeschieden werden.[3]

Am Beispiel des Polylactid wird eine Degradationsreaktion auf den folgenden Seiten schematisch nochmals erläutert. Es ist wichtig, sich vor Augen zu führen, dass eine solche Degradationsreaktion auf verschiedenste Art und Weise stattfinden kann. Die für uns in diesem Zusammenhang wichtigste ist jedoch die Hydrolyse sowie enzymatische Reaktion.

---

[3] (Erich Wintermantel, Biodegradable Polymere)

Kristallinität

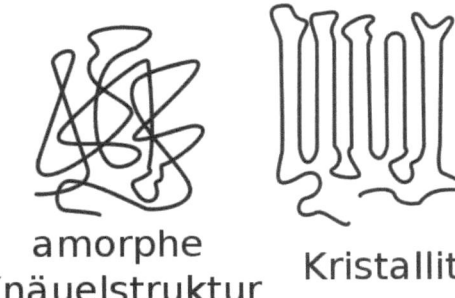

amorphe
Knäuelstruktur   Kristallit

Abb. [4]

In der Chemie werden alle Stoffe als „Kristalle" bezeichnet, deren Moleküle bzw. Atome oder Ionen in einer gleichmäßigen, sich wiederholenden ineinander verschlauften Kristallstruktur angeordnet sind. [5] Diese Bausteine können durch ionische oder kovalente Bindungen, Wasserstoff-Brücken oder Van-der-Waals-Kräften miteinander verknüpft sein. Insgeheim Polymere besitzen sowohl amorphe (ungeordnet) als auch kristalline Bereiche, weshalb man diese als „teilkristalin" bezeichnet. Der Kristallinitätsgrad eines Polymers entscheidet maßgeblich darüber, die thermischen Eigenschaften. Um diesen Grad zu erhöhen, kann das Polymer „getempert" (ein Begriff aus der Physik, das „Tempern") werden, dabei wird das Polymer über einen längeren Zeitraum unterhalb des Schmelzpunkt erhitzt, wodurch sich die noch ungeordneten Ketten ordnen können. Desto höher die Temperatur, desto beweglicher (Viskoelastizität) sind die Ketten und weicher der Kunststoff. Erst deutlich über der Schmelztemperatur zeigt sich ein dückflüssiges, viskoses Verhalten, das den Verlust der Elastizität zur Folge hat. Somit sind teilkristalline Polymere besonders hitzebeständig, da sie erst nach deutlich höheren Temperaturen ihre Gestalt verformen.

---

[4] (Wikipedia, Kristallisation (Polymer))
[5] vgl. *Kristallinität*

Compoundierung

Dieser Begriff „*Compoundierung*" stammt ursprünglich aus dem Englischen (Compound = „Mischung") und wird in der Kunststofftechnik verwendet. In der Kunststoffaufbereitung spricht man auch von einem Veredelungsprozess von Kunststoffen, indem dem Kunststoff entweder Additiven (Zuschlagsstoffe) beimischt oder gewisse Bestandteile entfernt zur gezielten Optimierung der Eigenschaften.[6]

Kunststoffe in der Medizin

Kunststoffe unterscheiden sich ganz allgemein insofern, als das es sowohl rein synthetische Polymere als auch natürliche Polymere gibt. Während bei sich bei letzterem erschließen lässt, dass ein in der Natur vorkommender Stoff verarbeitet wird, sind rein synthetisch hergestellte Polymere ausschließlich chemisch herstellbar. Vor allem in der Medizin wissen wir, dass Polymere mit Ersatzfunktion in einem menschlichen Körper verschiedenen Anforderungen ausgesetzt sind.

Unter keinen Umständen ist eine Wechselwirkung bzw. immunologische Reaktion erwünscht, damit jene Implantate, wie zum Beispiel ein künstliches Hüftgelenk, ihre Funktion uneingeschränkt bzw. auf ewig erhalten bleibt. Andererseits sind gewisse Wechselwirkungen in so manchem Bereich absolut erwünscht, beispielsweise in der Zahnmedizin,
Das von mir ausgewählte Polymer ist ein solcher natürlich Kunststoff, da er aus nachwachsenden Rohstoffen besteht, deren Abbaubarkeit demzufolge begünstigt ist. In der Chemie spricht man daher auch von einem „biodegradablen Polymer". Gleichwohl der Abbau wünschenswert ist, müssen solche Polymere durch entsprechende Modifikationen an das jeweilige Anwendungsgebiet angepasst werden.

---

[6] vgl. Wikipedia

Polymer	Anwendung
Polyethylen (PE)	Gelenkpfanne für Hüftgelenkendoprothese, künstliche Knieprothesen, Sehnen- und Bänderersatz, Spritzen, Katheterschläuche, Verpackungsmaterial
Polypropylen (PP)	Komponenten für Blutoxygenatoren und Nierendialyse, Fingergelenk-Prothesen, Herzklappen, Nahtmaterial, Einweg-Spritzen, Verpackungsmaterial
Polyethylenterephthalat (PET)	Künstliche Blutgefässe, Sehnen- und Bänderersatz, Nahtmaterial
Polyvinylchlorid (PVC)	Extrakorporale Blutschläuche, Blutbeutel und Beutel für Lösungen für intravenöse Anwendungen, Einwegartikel
Polycarbonat (PC)	Komponenten für Dialysegeräte, unzerbrechliche, sterile Flaschen, Spritzen, Schläuche, Verpackungsmaterial
Polyamide (PA)	Nahtmaterial, Katheterschläuche, Komponenten für Dialysegeräte, Spritzen, Herzmitralklappen
Polytetrafluorethylen (PTFE)	Gefässimplantate
Polymethylmethacrylat (PMMA)	Knochenzement, Intraokulare Linsen und harte Kontaktlinsen, künstliche Zähne, Zahnfüllmaterial
Polyurethan (PUR)	Künstliche Blutgefässe und Blutgefässbeschichtungen, Hautimplantate, künstliche Herzklappen, Dialysemembranen, Infusionsschläuche, Schlauchpumpen
Polysiloxane	Brustimplantate, künstliche Sehnen, kosmetische Chirurgie, künstliche Herzen und Herzklappen, Beatmungsbälge, heisssterilisierbare Bluttransfusionsschläuche, Dialyseschläuche, Dichtungen in medizinischen Geräten, Katheter und Schlauchsonden, künstliche Haut, Blasenprothesen
Polyetheretherketon (PEEK)	Matrixwerkstoff für kohlenstofffaserverstärkte Verbundwerkstoffimplantate wie z. B. Osteosyntheseplatten und Hüftgelenkschäfte
Polysulfon (PSU)	Matrixwerkstoff für kohlenstofffaserstärkte Verbundwerkstoffimplantate wie z. B. Osteosyntheseplatten und Hüftgelenkschäfte, Membranen für Dialyse
Polyhydroxyethylmethacrylat (PHEMA)	Kontaktlinsen, Harnblasenkatheter, Nahtmaterialbeschichtung

Abb. [7]: In der Medizin eingesetzte, synthetische Polymere und ihre Anwendungsgebiete

---

[7] (Erich Wintermantel, Biodegradable Polymere)

Polymer	Abkürzung	chemische Struktur
Poly(glykolsäure) (Polyglykolid)	PGA	$\left[O-(CH_2)_5-\overset{\overset{\displaystyle O}{\|\|}}{C} \right]_n$
Poly(milchsäure) (Polylactid)	PLA	$\left[O-\underset{CH_3}{CH}-\overset{\overset{\displaystyle O}{\|\|}}{C} \right]_n$
Poly(ε-caprolacton)	PCL	$\left[O-(CH_2)_5-\overset{\overset{\displaystyle O}{\|\|}}{C} \right]_n$
Poly(β-hydroxybutyrat)	PHB	$\left[O-\underset{COOH}{CH}-CH_2-\overset{\overset{\displaystyle O}{\|\|}}{C} \right]_n$
Poly(p-dioxanon)	PDS	$\left[O-(CH_2)_2-O-CH_2-\overset{\overset{\displaystyle O}{\|\|}}{C} \right]_n$
Polyanhydride		$\left[O-\overset{\overset{\displaystyle O}{\|\|}}{C}-(CH_2)_8-\overset{\overset{\displaystyle O}{\|\|}}{C}-O \right]_n$

Abb. [8]: Aliphatische Polyester, die in der Literatur als biodegradabel bezeichnet werden.

---

[8] (Erich Wintermantel, Biodegradable Polymere)

I. Polylactid (PLA)

Bei Polylactid (Polymilchsäure) handelt es sich um ein biologisch-abbaubares Makromolekül, das aus dem nachwachsenden Rohstoff der Milchsäure. Jedes Milchsäuremolekül besitzt eine COOH-(Säure)-Gruppe sowie eine OH-(Alkohol)-Gruppe, die jeweils eine Esterbindung ausbilden können. Aus diesem Grund spricht man bei PLA von einem aliphatischen Polyester sowie einer Poly(α-hydroxycarbonsäure) und einen Thermoplasten.

Das Milchsäuremolekül selbst hat einen natürlichen Ursprung, es ist beispielsweise in Milchprodukten vorhanden oder erklärt die Leistungsfähigkeit eines Muskels in der Sporttheorie. Dabei ist sie selbst mit einer langen Geschichte verknüpft, denn bereits 1780 entdeckte ein schwedischer Chemiker namens Schelle Milchsäure bzw. 2-Hydroxypropionsäure, indem er aus Sauermilch einen ungereinigten, braunen Sirup isolierte. Ein weiterer schwedischer Chemiker fand Milchsäuremoleküle außerdem in Milch und Rindfleisch. Erst knapp 100 Jahre (1881) später folgt die industrielle Herstellung von Milchsäur. Die Milchsäure hat einen natürlichen Ursprung, kann dort isoliert oder künstlich synthetisiert werden. In Folge dessen bezeichnet man Milchsäure als nachwachsenden Rohstoff.

Das Lactid wird aus Milchsäuremolekülen gewonnen, die durch Fermentation von Glukose mithilfe von Lactobazillen (Milchsäurebakterien) hergestellt werden. Sie sind dann Ausgangsstoff für das Polylactid.

In der Medizin findet Polylactid seit den 1960er-Jahren ihre Verwendung, wo sie heute vor allem als resorbierbares Nahtmaterial[9] oder auch als kosmetisches Implantat in der Schönheitschirurgie zur Faltenunterspritzung[10] vorkommt. Knochenplatten, Schrauben oder Implantate müssen nicht mehr durch eine Zweitoperation entfernt werden, anstatt dessen macht man sich die Eigenschaften des Polylactid zu Nutzen. Gleichwohl der Nutzen für den Betroffenen hoch ist, wird in der Medizin nach wie vor zu Metall- oder

---

[9] vgl. Biodegradable Polymere, Medizintechnik – Life Science Engineering, S.265
[10] vgl. Internet, Medical One, http://www.medical-one.de/frauen/kopf-gesicht-hals/falten/polymilchsaeure-liquid-lifting/polymilchsaeure-liquid-lifting.html (Abgerufen am 8. März 2011)

Titanimplantaten gegriffen, da sie wesentlich günstiger sind als ihre biologisch-resorbierbaren Pendanten.

Herstellung/Synthese

Milchsäuremoleküle kommen in zwei optischen Isomeren vor, aus denen drei verschiedene, ringförmige Stereoisomere (Lactid-Dimere) resultieren (Abb. 8): L,L- und D,D-Lactid und meso-D,L-Lactid.[11] In einer konzentrierten Lösung entstehen aus zwei Milchsäuremolekülen unter Abspaltung von Wasser (Polykondensation) bevorzugt 6-gliedrige zyklische Diester. Normalerweise liegen nur wenige, einzelne Milchsäuremoleküle offenkettig vor.

L-Milchsäure   D-Milchsäure

L,L-Lactid   Meso-Lactid   D,D-Lactid

Abb. [12]: Milchsäure-Isomere und daraus resultierende Lactid-Dimere

Lineare Polylactide werden durch eine katalysierte *Ringöffnungspolymerisation* beim Erhitzen mit Temperaturen zwischen 140 und 180 °C sowie der Einwirkung eines Lewis-Säure-Katalysators (Abb. 9), typischerweise Zinnchlorid, synthetisiert. Sobald die Dilactid-Monomere erhitzt werden, beginnen sie miteinander zu reagieren, wodurch sich die Ringe öffnen. Alternativ dazu kann durch eine Polykondensationsreaktion ein

---

[11] (Jacobsen, 2000)
[12] (Jacobsen, 2000)

solches Polylactid erzeugt werden. Im Gegensatz zur Ringöffnungspolymerisation entsteht bei der Kondensationsreaktion Wasser, deren Filterung später äußerst aufwendig ist. Ferner sind sie aufgrund ihrer langen Regenerationszeit und des zu niedrigen erzielbaren Molekulargewichts uninteressant geworden.

Damit dieses Polymer für den jeweiligen Anwendungsbereich brauchbar ist, muss die aus rein pflanzlichen, damit natürlichen, Rohstoffen gewonnene PLA durch Compoundierung für den spezifischen Anwendungsbereich optimiert werden. Man spricht deshalb nach der Synthese von PLA richtigerweise zunächst von einem „Roh-Biokunststoff".

Lewis-Säure-Katalysatoren
$Sn(Ph)_4$, $SnBr_4$, $Sn(Oct)_2$, $Zn(Ac)_2$, Sb_2O_5
Ringöffnungspolymerisation wird von Verbindungen initiiert, die Hydroxid-Gruppen enthalten (z.B., Wasser, Alkohol)

Metall-Alkoxide
$Al(OR)_3$, R_3SnOR', $Ti(OR)_4$
Metall-Alkoxide sind wahre Initiatoren

Abb. [13]: Katalysatoren für die Ringöffnungspolymerisation von Polylactiden

Abb. [14]: Umwandlung von Lactid zum Polylactid durch eine Ringöffnungspolymerisation (vereinfacht)

---

[13] (Jacobsen, 2000)
[14] (Wikipedia, Polylactide)

Eigenschaften

Polymer	Molekular-gewicht M_w	Tg [°C]	Tm [°C]	Zug-festigkeit [MPa]	Zug E-Modul [MPa]	Bruch-dehnung [%]
L-PLA	50'000	54	170	28	1200	6.0
L-PLA	300'000	59	178	48	3000	2.0
DL-PLA	107'000	51		29	1900	5.0
PGA	50'000	35	210	–	–	–

Abb. [15]: Thermische und mechanische Eigenschaften von Polylactiden und – glykoliden.

Die mechanischen Eigenschaften, darunter das Molekulargewicht, der Kristallinitätsgrad und der Anteil der Copolymere, des Polylactids werden durch die drei verschiedenen Stereoisomere bestimmt.[16] Die Polyglykolid ist ähnlich aufgebaut, wie die PLA, wird ebenso durch eine Ringöffnungspolymerisation synthetisiert und ist aufgrund seines niedrigen Molekulargewichts besonders schnell degradierbar.

Biokompatibilität/Degradation

Forscher begannen bereits 1966 mit ersten Versuchen von Implantaten aus Polylactid, dabei lag das Polylactid in Pulverform vor als es eingepflanzt wurde. Obwohl es in den ersten Tagen zu einer geringen Enzündungsreaktion kam, zeigte sich nach rund vier Wochen, dass sich um den Implantationsort neues Bindegewebe gebildet hat. Weitere Tests anhand von transparenten, dünnen Polylactidfolien bestätigten, dass Polylactid ohne Enzündungsreaktion selbstständig abgebaut wird.

Die Abbaureaktion von Polylactid bzw. allgemein Poly(α-hydroxysäuren) ist eine Hydrolyse. Die Esterbindung wird durch Bildung von Alkohol- und Säuregruppen gespalten. Es findet eine „umgekehrte Veresterung" statt.

Die Degradation von Polylactid bzw. allgemein Poly(α-hydroxysäuren) erfolgt durch eine Hydrolyse. Das bedeutet, dass durch die Zuführung von Wasser (H_2O) die instabileren Amino- oder Estergruppen aufgespalten werden. Letztlich findet eine umgekehrte Polykondensationsreaktion statt. Die Degradation selbst kann durch die gezielte Zuführung von Wasser gesteuert und zum Beispiel durch eine enzymatische

[15] (Erich Wintermantel, Medizintechnik - Life Science Engineering)
[16] vgl. Biodegradable Polymere, S.265/266

Degradation katalysiert werden. In Abb. 15 ist eine solche Degradationsreaktion anhand eines Polyesters nachvollziehbar. Sobald die Esterbindung gespalten wird (umgekehrte Veresterung), entstehen jeweils eine Alkohol- und Säureendgruppe, womit der Ausgangszustand in Form von Monomeren wiederhergestellt ist.

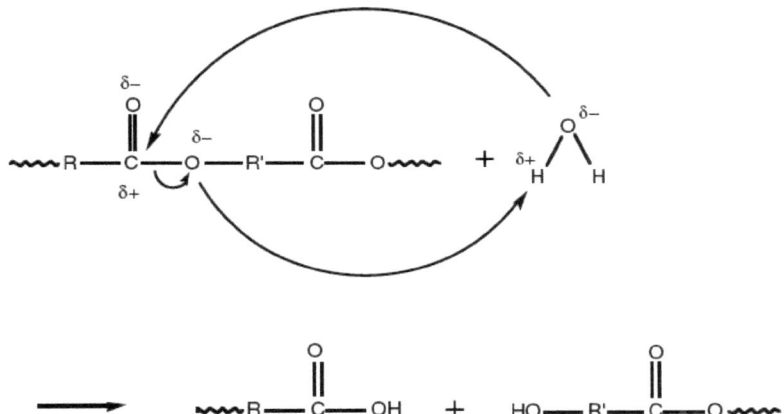

Abb. [17]: Degradationsreaktion von Polyestern

Einer der wichtigsten Anwendungsbereiche der Polylactide ist die medizinische Anwendung. PLA besitzen eine hohe Abbaubarkeit sowie Biokompatibilität, was sie vor allem als Nahtmaterial in der Zahnmedizin und Schönheitschirugie interessant machen.

In-vivo-Untersuchungen von PLA mit unterschiedlichen Molekulargewichten, machte deutlich, dass Implantate innerhalb von 48 Wochen mit niedrigerem Molekulargewicht (89,000 g/mol) schneller degradieren als mit höherem Molekulargewicht (199,000 und 294,000 g/mol). Im Gegensatz zu Polyglycoliden zeigen Polylactide selbst nach 48 Wochen des Implantationsdauer, dass diese ihre Funktion nicht verlieren und sehr langsam ihr Gewicht verlieren – was selbstverständlich vom Molekulargewicht abhängig ist. Das ist einer der Gründe, warum PLA neben der Nutzung als Nahtmaterial vor allem als „Schrauben" oder „Platten" verwendet werden, währenddessen PGA vor allem als Nahtmaterial genutzt wird. Einige PGA verlieren bereits nach etwa 16 – 18 Tagen ihren Halt und nach 90 bis 120 Tagen sind sie vollständig absorbiert. In der

---

[17] (Erich Wintermantel, Biodegradable Polymere)

Schönheitschirurgie wird dagegen die Poly-L-Milchsäure in die Falten injiziert, wodurch ein Volumenzuwachs sofort ersichtlich ist. Innerhalb weniger Tage und Wochen beginnt dann die Degradation der Polymilchsäure. Neben der reinen Unterspritzung von Falten kann auch Hautvolumen generell wieder hergestellt werden, wenn beispielsweise das Fettgewebe unter der Haut verloren gegangen ist. Die Nutzung eines solchen Polylactid macht die Verwendung des Nervengifts Botox obsolet.

Literaturverzeichnis

Ute Henze, G. Z.-K. (16. April 1999). Kunststoffe für den medizinischen Einsatz als Implantatmaterialien. *Deutsches Ärzteblatt 96* .

Wikipedia. (kein Datum). *Compoundierung.* Abgerufen am 12. März 2011 von http://de.wikipedia.org/wiki/Compoundierung

Wikipedia. (kein Datum). *Kristallisation (Polymer).* Abgerufen am 20. Februar 2011 von http://de.wikipedia.org/wiki/Kristallisation_(Polymer)

Wikipedia. (kein Datum). *Polylactide.* Abgerufen am 1. März 2011 von http://de.wikipedia.org/wiki/Polylactide

Berlin, F. (kein Datum). *Kristallinität.* Abgerufen am 8. März 2011 von http://www.chemie.fu-berlin.de/chemistry/kunststoffe/kristall.htm

Biodegradable Polymere. In S.-W. H. Erich Wintermantel, *Medizintechnik - Life Science Engineering* (S. 265, 266). Springer.

Medizintechnik - Life Science Engineering. In S.-W. H. Erich Wintermantel, *Biodegradable Polymere* (S. 265). Springer.

Jacobsen, S. (2000). Polylactide - Biologisch abbaubare Kunststoffe aus nachwachsenden Rohstoffen für neue Anwendungen. *Wechselwirkungen* .

Neidlinger-Wilke, C. (kein Datum). *Biokompatiblität von Implantatmaterialien.* Abgerufen am 12. März 2011 von Biomechanics: http://www.biomechanics.de/ufb/Lehre/Vorlesungen/FH_Biomechanik_Skript/'Bioko mpatibilitaet.pdf

MedicalOne. (kein Datum). *Die biologische Anti Aging Therapie bei Mang Medical One.* Abgerufen am 8. März 2011 von http://www.medical-one.de/frauen/kopf-gesicht-hals/falten/polymilchsaeure-liquid-lifting/polymilchsaeure-liquid-lifting.html